科学全知道系列

# 赐给我力量吧，能源！


[韩]辛贤贞◎著

[韩]尹艺智◎绘

千太阳◎译

吉林科学技术出版社

# 让我们为了地球节约能源吧

能源在我们的生活当中是必不可少的。没有能源，汽车和火车将停驶，不仅电视、电脑使用不了，就连电灯也亮不起来，更不用说冬天在家里取暖了。

近年来，全世界能源使用量迅速增加。作为主要能源的石油，价格上涨了好几倍。如果遇上能源短缺，到了即使有钱也买不到的程度，国家可能就会陷入危机。

那么，我们能够利用的能源就只有石油吗？当然不是。除了像煤炭、石油、天然气一类的化石能源，能源中还有很多别的种类，如太阳、风、水、地热、潮汐等自然能源，我们生活中的垃圾，也可以经过回收加工成为新的能源。而我们人类要想在地球上永远幸福地生活下去，就要不断地开发出更多绿色环保的能源。

但是，能源不是说造就能造出来的。把能源转化成便于使用的形态，不仅要做很多研究，而且需要很多资金。我们不能浪费能源，因为地球是我们生活的家园，应该努力节约能源，使之尽可能用在必要的地方。

这本书以好玩的童话形式，讲述了关于能源的故事。在本书中，因为浪费电而被能源国下令禁止使用电能的小敏和托托，跟随精灵女士一起出发，到能源国进行了一次探险。小敏和托托在那里见到了太阳女王和好几位能源大臣，旅程很惊险，也充满欢乐和思考。让我们一起出发吧！

序篇

# 能源消失了

“我回来了！”

你们好！我叫托托，是一只聪明的小狗。那是我的小主人小敏，小敏一天中最开心的时刻就是放学回家了。

因为他可以尽情地玩电脑游戏。每天放学回来，第一件事就是打开电脑。你们要跟着我进去看看吗？

“奇怪，这个怎么没反应呢？”

是不是出了什么问题啊？小敏按了按电脑的电源开关，又将电源插头拔出来重新插进去，但电脑还是一点反应也没有。

“不行，我得打电话问一下妈妈。”

小敏走到电话旁边拿起话筒。

“咦，怎么回事？电话也不好使了。”

到底是怎么回事啊？电话、电脑都不能用了。家里的电器好像都出了毛病。小敏什么都做不了，便坐在地板上哭了起来。

“哇——”

就因为想玩游戏才回的家，但是电脑打不开，电视不能看，给妈妈打电话也打不通，他好伤心啊。

这时，哭泣的小敏面前出现了一个奇怪的东西。刚开始的时候非常模糊，慢慢地形成一个人形，最后变成了一个成年女子的样子。哎呀！她背上还长着翅膀呢！

“啧啧，又不是小孩子了，还为这样的事哭呀。要是别的能源也不能使用的话，还不知道你会哭成什么样子呢。”

不能使用能源，那是什么意思呀？

“这位大妈，你是谁呀？”

“什么？大妈？你竟然称能源国的精灵女士为大

妈！浪费能源的孩子看人的眼光也有问题！”

“我浪费能源了吗？”

“是呀，你昨天玩完了电脑游戏之后，是不是没有关电脑啊？”

哇，这位女士好像真的是精灵，不然今天第一次见面，怎么就会知道小敏昨天都做了些什么呢？

“还有，没有关灯就上床睡觉了，洗漱的时候一直开着水龙头。你知道吗？就因为你这样浪费能源，能源国的百姓遭受了巨大的痛苦。你浪费的能源越多，能源国的百姓就得做更多的工作，他们都已经疲惫不堪了，所以，能源国已经决定不再给你提供电能了。”

“什么？”

“以后你不能用电了。电脑和电视打不开就是这个原因。”

原来如此啊！我好像确实有浪费能源的习惯。不能用电了，那就是说，我到了晚上也不能开灯，连冰箱也不能用了。那我的生活就会变得非常不方便，真可怜。

等等，那我不是也不能看电视了吗？哎呀，我最喜欢的动画片啊！

“不行啊，那要我怎么活呀，哇——”

“汪汪……”

虽然我想说的是“我也不能活了”，但他们听到的只有“汪汪”的叫声。

竟然不能看电视了，这可真是个大问题。

“哼，已经晚了。在能源国会议上已经决定不给你提供电能了。所以，你只能生活在没有电的世界里。”

不知如何是好的小敏哭得更厉害了，那声音大得连我都快被震聋了。

“知道了，知道了。不要再哭啦。”

“要是我不哭的话你会让我重新用电吗？”

小敏哽咽着问。

“能源国会议决定的事情只能在下次能源会

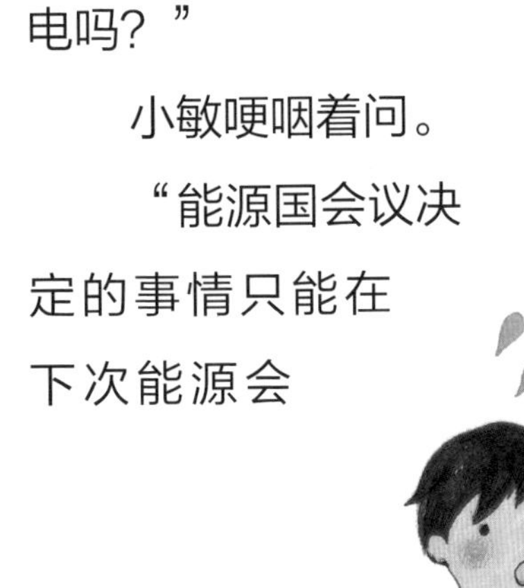

议上更改。”

“那我就要继续哭，哇——”

小敏的哭声比刚才还大。精灵女士实在受不了那哭声，脸色都变得苍白了。

“孩子，别哭了，不如你去参加能源会议更改一下吧。”

“嗯？您刚才说什么？”

“你跟我一起去能源国，然后说服大臣们，让他们更改能源会议的决定，不就可以了嘛。”

“但是，我连能源国在哪里都不知道呢。”

“可以和我一起去啊。我专门负责提醒像你一样浪费能源的孩子们，告诉他们能源的重要性。”

听了这话，小敏的哭声渐渐停止了，但表情依然很沮丧。

“要是我不在家的话，妈妈会生气的，再说我还要去学校呢。”

“能源国的时间跟你们这个世界的时间不同。你往返能源国只需要一会儿，所以不用担心。”

“但是……”

“那你是愿意一辈子都不用电喽？”

“那是绝对不行的！”

不能用电对游戏迷小敏来说，简直就像在地狱里煎熬。当然对我这动画片迷也是一样的。

就这样，小敏和我决定去能源国探险了。你也和我们一起去看看吧！

# 目 录

## 向能源国出发



## 能源大臣，你们好



## 能源是从哪里来的

## 去寻找新的能源

## 太阳女王

向能源国出发

# 什么是能量

“哎呀，好饿呀！我们先吃点儿东西再开始吧。”

小敏一到能源国就开始发牢骚，直嚷着肚子饿。

精灵女士好像早已预料到了，微笑着解释了原因。

“那是因为我们移动的时候需要很多的能源。再走一会儿，从能源树上得到能源，你就会好受一些的。”

“可是，精灵女士，那个叫能源树的到底是什么东西呀？”

“啊！托托能说话了？”

我只是像平时一样，把想到的说出来了而已。原来，在能源国小敏也能听懂我的话。

太棒了！小敏，趁这次机会让你感受一下我有多么聪明吧！

“在这里，体内拥有能源的生物都能说话，包括花草和树木。”

“那能源到底是什么呢？”

小敏可能觉得我能说话很神奇。他似乎对体内的能源产生了兴趣，缠着精灵女士告诉他什么是能源。

“能够产生能量的物质就是能源。小敏现在走路是不是很累？那是因为身体缺少能量。就跟玩具机器人有了电池才能动一样，我们也是需要能量才能活动的。”

我以为只有像汽车或飞机那样的东西才需要能源呢，原来人类和我都需要能量。

“比如，小敏每天玩的电脑游戏，要是没有电能就不能玩了。”

说到不能玩电脑游戏的事，小敏又开始愁眉苦脸了。

在小敏哭出来之前我赶紧提出了另一个问题：

“但是，有点奇怪。不是说收回小敏的能量了吗？可刚才在家的时候小敏并没有觉得饿呀。”

“在小敏体内的并不是电能，要是把小敏体内的能量都拿走的话……”

“会怎么样啊？”

“小小年纪就没命了呗。”

天哪，差点儿就再也见不到小敏了。

尽管这样，小敏还是一副满不在乎的表情，说了一句：

“没有能量的时候睡觉就行啦。”

“你们在睡觉的时候也是需要能量的。”

“睡觉的时候也要吗？”

“睡觉的时候也要呼吸啊，所以肺要不停地运动。为了使血液循环，心脏也需要不停地跳动，而睡觉时做梦也是因为大脑在活动。所有这些活动都是需要能量的。”

我们就连睡觉的时候也需要能量啊，那要是无法得到能源的话可就真得出大事了。

“现在，我知道了人的身体是不能没有能量的，但没有能量的话，为什么肚子会觉得饿呢？”小敏问精灵女士。

“这是因为，包括人在内的所有动物都是从所吃的食物中获取能量的。”

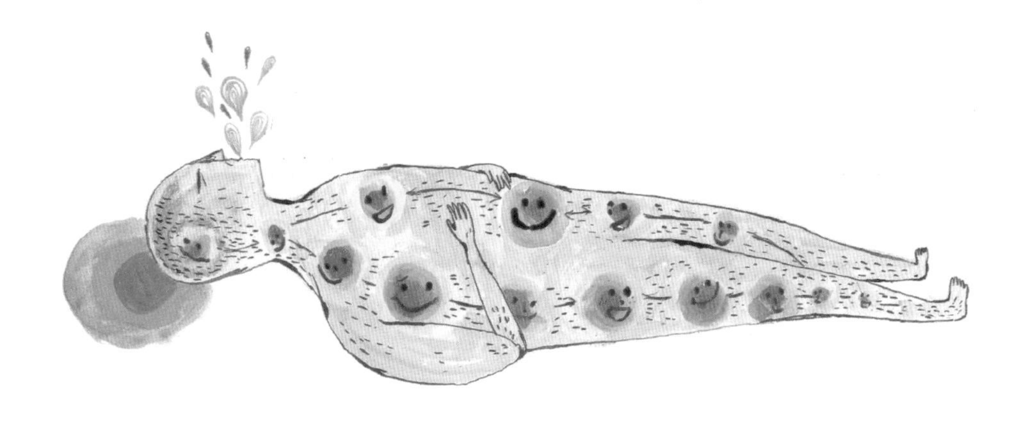

# 动物们吸取能量

“从食物中吸取能量？”

“这个好像很难解释，我们还是直接看一下吧。”

说完，精灵女士在空中画起了图画，紧接着，她手指移动的方向出现了亮光，一幅画就这样画出来了。

“哇，精灵女士，你是怎么做到的呀？”

“哦，这是利用光能画画，作为能源国的精灵，这是最基本的本领啦，哈哈哈。”

精灵女士画出了人体结构图，然后在旁边画出了几个黄色的圆圈。

“来，把这些圆圈当成是我们吃的食物。我们把食物吃进去以后首先会做什么呢？”

“咀嚼食物！”

我自信满满地回答。

“是的，你们把食物嚼成小块。为什么不直接咽下去呢？”

“嗯，因为太大的话不容易咽下去，也不好消化。”

“对！很正确。”

精灵女士使画上的人动起嘴来，圆圈被“咀嚼”成小块了。然后，小圆圈沿着喉咙进到体内，进入体内的小圆圈经过消化器官的同时变得越来越小。

“像这样把食物分解得越来越小的过程就是消化。所以呀，在嘴里把食物咀嚼得越

小，在体内消化起来就越容易，是不是呀？”

但是，食物的消化和能源有什么关系呢？

“食物消化了之后就会产生为人们提供活动所需的能量。”

小敏理解了肚子饿的原因：

“啊，就是说不吃食物就没有能量，身体没有活动的能量了，所以才会发出肚子饿的信号！”

我很聪明，一直都知道吃是很重要的。但没想到食物竟然能够维持我们的生命。以后可不能再挑食了，得好好吃饭才行！

那植物吃什么呢？植物也有生命，一样要吸取营养啊。可植物没有嘴，应该是吃跟人类不一样的食物才

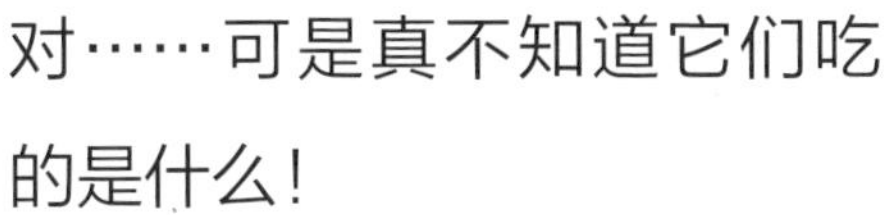

对……可是真不知道它们吃的是什么！

“精灵女士，那植物吃什么食物呢？”

嘻嘻，我就知道这是个不错的问题。小敏，终于知道我有多聪明了吧！

# 植物制造能量

“植物吃太阳。”

“啊？您说植物吃太阳吗？”

我吓了一跳，反问道。

植物吃太阳！精灵女士是在跟我们开玩笑吗？

“是我说得过于简略了吗？刚好现在也到了能源树下，我们就边补充能量，边说一说植物吃太阳的问题吧。”说完，精灵女士对着一棵大树说起了话。

“嘿，能源树，醒醒吧。”

能源树看起来跟我们家附近的树没什么区别。但是，精灵女士一跟它说话，树上便逐渐出现了眼睛、鼻子、嘴，而且开始说话了。

“啊，原来是您。有什么事吗？”

“有些人类客人想问你一些问题。”

“人类问树问题？真是怪事。好吧，你想知道什么？”

小敏想了一会儿，眨眨眼说：

“请告诉我吃太阳的方法吧。”

精灵女士露出一副无奈的表情。

“要是能吃太阳的话，就不需要吃饭那么麻烦了，可以一直玩电脑游戏。”

对于小敏的这个想法，连我也觉得很无奈。但是能源树好像知道小敏为什么会有这样的想法，微笑着说：

“可惜，人是不能吃太阳的。”

“啊？为什么？”

小敏看起来很失望。

“因为植物可以进行光合作用，但人类不可以。”

小敏露出了很遗憾的表情。的确，人类可吃不了太阳，要是真可以的话我也想试一试。

“但如果植物吃得太多，把太阳都吃没了怎么办呀？”

我问了从刚才就一直担心的问题。

## 通过光合作用得到化学能

植物体内有种叫作叶绿体的小工厂。

叶绿素吸收太阳光，利用二氧化碳和水将太阳的光能转化为化学能。植物不断生长，直到开花结果，都需要吸收这些化学能，而植物吸收的化学能会储存在它们的体内。动物吃了植物之后，这些化学能就会传递到动物的体内。

光＋水＋二氧化碳⇒释放氧气

光合作用

“确切地说，我们不是真的吃太阳，而是接收太阳给予的太阳能进行光合作用，所以大可不必担心太阳会消失，托托。”

“就是说，植物可以从太阳那里接收能量，然后传递给其他生物。”

“是的。不仅在能源国，在你们的世界里，植物也是非常重要的。动物可以吃植物从而使用植物储存的能量。不仅如此，植物在把光能转化为化学能的时候还会释放出氧气。”

“植物可真伟大！精灵女士，既然我已经知道什么是能源了，现在可以去能源会议上说服他们取消给我的禁令吗？”

精灵女士笑了笑，说：“当然。但是在去之前，我们得先拜见所有参会的大臣，拜托他们来参加能源会议才行。”

## 能量是流动的

世界上所有的能量都是流动的。

我们所获得的能量一部分会转化为热能散发到空气中，而且生物死后都会被分解，营养成分又返回到土壤里，植物通过根部吸收这些渗进土壤里的营养成分而生长，并吸收太阳给予的光能，努力完成光合作用，制造新的能量。

能量不停地流动，传递到世界上所有生物的体内。但是，如果其中某一环节出现问题，我们就不能获得能量了。

请别忘了，如果我们想生存下去的话，能量是必不可少的；更不要忘了，这些能量是由其他生物传递给我们的。

# 能源大臣，你们好

# 在所有能发光的物体上——光能

刚刚才对能源有些了解，就得去见能源大臣们了。小敏和我一想到可能回不了家的事，就开始担心起来。但是，精灵女士解释说：

“你们首先要去见的是管理包括太阳能在内的各种光能的光能大臣。”

“咦，太阳光能难道不是由太阳能大臣管理的吗？”

小敏问了一句。

“太阳释放的大部分能量是光能。不仅是太阳，其他一些物体也能释放光能，所以都由光能大臣来管理。如果你想进一步了解，可以直接问他。”

“那怎样才能见到光能大臣呢？”

大臣应该住在普通人不能去的地方吧。

“能源国的大臣们要忙于管理能源，会一直待在自己所要管理的能源附近。所以不管在哪里，有光的地方就会有光能大臣。要不咱们叫一声？光能大臣！”

精灵女士喊了声“光能大臣”，神奇的事情就发生了。耀眼的阳光渐渐有了形状，形成了一个人的形状，最后，变成了一位老爷爷的模样。

“呵呵，这不是精灵女士吗？有什么事吗？”

“是的，这个人类小孩儿有事情想要请教您。”

小敏见了光能大臣后好像很紧张，躲在了精灵女士背后，说不出一句话。

终于轮到我出马了。

“请问，光能是什么样的能呢？”

光能大臣慈祥地笑了笑，回答了我的问题：

“光能是所有能发出亮光的物体所释放出的一种能量。有的从太阳发出，也有的从家里的灯发出来，还能从像萤火虫一样的生物体上发出来。”

所以精灵女士才会说，光能有各种不同的形式呀。

“光能能做什么？”

“光能让你们看到世界。光从太阳或灯中发出来后与某些物体发生碰撞，然后反射进你们的眼睛里，这样你们就能看清那个物体是什么样的了。所以，在没有光的黑夜，即使是睁着眼睛也什么都看不到。”

“哇，您是说光与物体碰撞后进入我们的眼睛，是吗？”

听到大臣的解释，小敏瞪大了眼睛。

“光能还有更重要的作用，就是帮助植物进行光合作用。”

“听能源树说，地球上所有的生物都是吃植物的化学能而生存的，所以光能是很重要的。”

我们吃的饭也依靠太阳的光能，真神奇。

“最近人们利用太阳光转换电能，这真是了不起的事情。”

小敏家的房顶上也有太阳能电池板。在安装太阳能电池板的那天，小敏的妈妈很高兴，说这样就能节省电费了。

“光能大臣，您能来参加能源会议吗？”

小敏好像不那么怕光能大臣了，鼓起勇气说出自己的想法。但是光能大臣会同意吗？我看着大臣和小敏，心里好紧张。

“据我所知，能源会议不是早就结束了吗？”

“是的，能源会议通过了禁止我使用电能的决议，我想能不能解除那个……”

光能大臣盯着小敏看了看。呃，难道这是很过分的要求吗？

“呵呵，好吧。你今天很认真地学习了关于光能的知识，看在你似乎对光能很感兴趣的分上，我就去参加能源会议吧。”

“万岁！是真的吗，大臣？真的很感谢您。”

幸好光能大臣这么容易就答应了。之后要去见的能源大臣会是什么样的呢？

# 在位于高处的物体上——重力势能

要见光能大臣很容易，因为哪里有光，哪里就有光能大臣。但是，现在要去拜访的重力势能大臣住在很高的地方。所以，为了见到重力势能大臣，我们正在爬山呢。

“哎哟，精灵女士，我们还得爬多久啊？”小敏累得满头大汗。

“就快到了。”精灵女士回答说。

小敏是第一次爬这么高的山，他每天只是玩电脑游戏，也不做运动，所以觉得非常累。

“原来他在那里呀。”

我们朝着精灵女士指的方向看去，有一个看起来比小敏还要小的孩子在空中飘着。难道那个孩子就是重

力势能大臣?

“哇，有个小孩儿飘在空中。”

“什么？你这没有礼貌的小孩儿！那位就是重力势能大臣，还不快向他问好！”

精灵女士赶紧提醒小敏。

“啊？您是说那个小孩儿就是重力势能大臣吗？”

那个大臣看起来跟自己差不多大，所以小敏一点儿也不紧张。

“你就是叫小敏的小孩儿吧。”

吓我一跳！重力势能大臣忽然朝我们飞来，跟小敏说起了话。

“呃，是的。”

“爬到这么高的地方，真是辛苦你们了。但是，只有你们正确地回答出什么是重力势能，我才会参加能源会议哟。”

怎么会这样，对于光能我们也只是刚有些了解，怎么可能知道什么是重力势能呢？看来临时会议怕是开不成了。哎呀，家也回不了，难道只能在这里等到下一次召开能源会议为止吗？

“来，给你们个提示！看看我现在的状态。”

大臣看到我们这么焦急的样子，给了一个提示。但竟然说自己的状态就是提示，到底是什么意思呢？

“难道小孩儿身上的能量就是重力势能吗？”

小敏又乱说了。在我看来，大臣现在的状态也就只有小孩儿的模样和飘在空中这些了……难道是……

“会不会是位于高处的物体所具有的能就是重力势能呢？”

看着重力势能大臣一副难以置信的表情，该不会是我说出了正确答案吧。哈哈哈，我真不愧是只聪明的小狗啊！

“一只很聪明的小狗嘛。不错，物体由于被举高而具有的能叫作重力势能。”

我还以为只有光能大有用处呢，原来重力势能也能用来做各种事情。现在看来，在我们的周围是有很多不

同种类的能量啊。

“从高处掉下来会有危险，这是重力势能造成的吗，大臣？”

小敏曾经从高的地方摔下来过，差点出了大事故。所以，他就对这个感到非常好奇。

“是啊，处在越高的地方，重力势能就越大。所以在很高的地方玩的时候，要非常小心哟，掉下去的话会受重伤的。”

重力势能大臣外表看起来虽然是个孩子，说话的感觉却像大人。从外表看上去是那么小，说不定实际年龄却很大呢。

“可是大臣，您是怎么认出我们的呀？”

“是我朋友动能大臣告诉我的，他从光能大臣那里听说了你们的故事。听说你是一个浪费能源的孩子，本来我是想好好教训你的，但是见面之后，我觉得你是一个对能源很感兴趣的孩子嘛。”

幸好小敏对能源产生了兴趣，要不就惨了。

“那您会来参加能源会议吗？”

“约定是一定要遵守的，能源会议召开的那天再见吧。”

“哇，真的很感谢您！”

小敏激动得声音都变大了。

“谢啦，托托。这都是你的功劳。”

你们也听到了吧？看来小敏懂事了，对我说了谢谢！真不容易呀。

“对了，重力势能大臣，您知道动能大臣在哪里吗？”精灵女士问道，她好像也不知道动能大臣在哪里。

“动能大臣一直是移动着的，所以我也说不好他在哪里。到尘土飞扬的地方去找吧，应该可以找到他。”

一直移动的大臣，那是什么意思呀？还有到尘土飞扬的地方去找，又是怎么回事呢？

**重力势能是怎么产生的呢**

重力势能是由于地球的引力产生的。重力是地球对地球表面附近的物体的吸引而产生的力。所以不管在地球的哪个地方，离开了地面的物体都会有重力势能，比如拿在手上的球，长在茂密树枝上的一片片树叶，在高空中飞翔的飞机，都具有重力势能。物体离地面距离的大小和质量决定着其重力势能的大小。

# 在运动着的物体上——动能

“您好，动能大臣！”

“有什么事吗？”

“大——大臣停下来我才能说呀。”

“哦，是这样啊。但是我停不下来啊，不好意思，你还是这样说吧。”

动能大臣继续奔跑，小敏一边追着一边跟他说话，看起来很累的样子。现在我才明白，为什么重力势能大臣说到尘土飞扬的地方就能找到动能大臣了。动能大臣不休息，一直都在奔跑，所以周围会扬起很多尘土。我突然想到了一个好主意。

“大臣，您绕着小敏跑就行了。”

“哦，对呀！你真是一只聪明的小狗啊！”

虽然这已经是大家都知道的事实了，但听到大臣的称赞，我还是觉得有点儿害羞。大臣开始绕着小敏跑了起来，这下小敏就可以停在原地休息了。

“哎哟，我——我快要累死了。我——我们其实

是……大臣，我们是……”

“是来请求我去参加能源会议的吧？”

“呵呵，虽然是这样的，但对于动能我们也很想了解。”

听到小敏说得很诚恳，动能大臣也逐渐减慢了速度。

“难得呀，那我就告诉你什么是动能吧。动能是所有处于运动状态的物体所具有的能；反过来讲，静止不动的物体，也就不具有动能了。我要一直具有动能，所以才不能停下来。”

一刻也不休息，一直像那样奔跑的话一定非常累，看来动能大臣真的很了不起呀。

“动能能用来做什么呢？”

“钉钉子的时候是先把锤子向上举起再落下来的，是吧？这样做的话，锤子落下的速度会加快。速度加快，动能也跟着增加，所以才能把钉子钉进去。所以，发生交通事故的时候，跑得越快的车撞得越厉害，这也是因为动能。”

“那我奔跑的时候也应该具有动能吧？”

“当然了。还有一种情况，就是虽然你不是在奔跑，动能却逐渐在增加，你知道那是在什么时候吗？”

不是在奔跑，动能却在增加……真的有那种情况吗?

“是我从高处掉下来的时候吗？”小敏回答说。

对呀！从高处掉下来的时候，即使不是在奔跑，动能也会逐渐增加。哇！自从来到能源国之后，小敏好像变得越来越聪明了呢。

“回答正确。一个物体从高处掉下来的时候，由于从高处移到低处，重力势能会减少。但是因为要做运动，动能会相应增加。所以重力势能大臣和我是好得不能再好的朋友哟。”

“重力势能增加的话，动能就会减少，这就跟跷跷板似的。”

“看来你对动能和重力势能之间的关系了解得很清楚嘛。你表现不错，我同意参加能源会议了。”

万岁！刚开始见到动能大臣的时候，看到他肌肉结结实实的，还一直在奔跑着，我以为他可能不会来参加能源会议，没想到这么容易就答应了。等会儿见到别的能源大臣，我们也有信心说服他们了，呵呵！

## 动能和重力势能是好朋友

物体从高处掉下来的时候重力势能会减少，但是因为相应地做了运动，所以动能就会增加。在不考虑质量大小的情况下，从越高的地方掉下来危险就越大。原因是越高的地方其重力势能越大，重力势能越大，就会有更多的能量转化为动能，使得速度增加，与地面撞

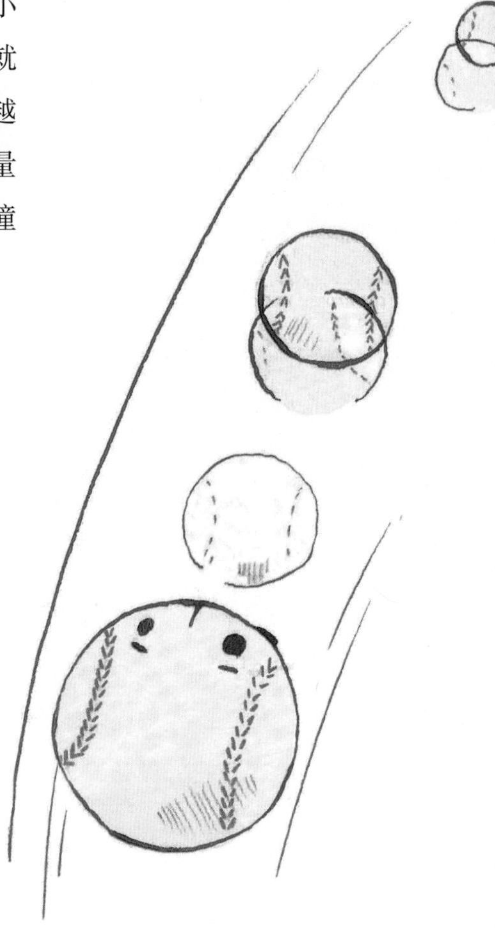

向上抛出的球，越向上重力势能越大，而动能随之减少。

击的冲击力更大。

相反，也有动能减少重力势能增加的情况。我们想象一下把球向上抛的情景吧。向空中抛出的球逐渐减速，然后又会掉下来。

当小球从下向上飞的时候，重力势能增加，但是速度变慢，动能减少。当动能为0的瞬间重力势能最大。重力势能增加动能减少，动能增加重力势能减少，是不是像跷跷板游戏呀？

重力势能最大，动能为0。

球向下落的时候，重力势能减少，而动能随之增加。

重力势能
动能

# 我们身上的化学能

拜访能源国大臣的过程好像越来越难了。比如这次要见的化学能大臣，他的名字我还是第一次听说，也不知道在哪里能见到他。但是精灵女士的表情很平静，看来她已经知道在哪儿能见到化学能大臣了。

“化学能大臣就在你体内。”

话音刚落，化学能大臣就从小敏的身体里钻了出来，就像阿拉丁神灯里的灯神一样。

“从一开始我就等着你叫我呢。”

“天哪，大臣，您是从什么时候开始在我体内的呀？”

小敏好惊讶。

“从你出生的那一刻，我就一直在你体内呀。”

“可怎么从来没有见过您哪？”

“那是因为化学能不容易用肉眼看到。”

说着，化学能大臣又钻进了我的体内。

“不要说像托托一样的动物了，世界上所有活着的生物体内都有化学能呢。”

哇！化学能大臣在我体内说话，我们竟然都能听得见。

“我知道植物能把光能转化为化学能。”

“是啊，说得对。还有呢？动物吃植物并把那些化学能储存在自己的体内，动物中也有吃别的动物来储存能量的。”

刚才明明听到化学能是以营养成分的形式储存在我们体内的，需要时才会使用，我怎么又忘了呀。

“不仅如此，车辆是用什么行驶的呀？”

“用石油哇。”

“对，车辆是通过燃烧石油获得能量才可以行驶的。实际上，这些石油是很久以前生活在地球上的动物死后转化而来的。所以，车辆其实是用动物体内的化学能行驶的。”

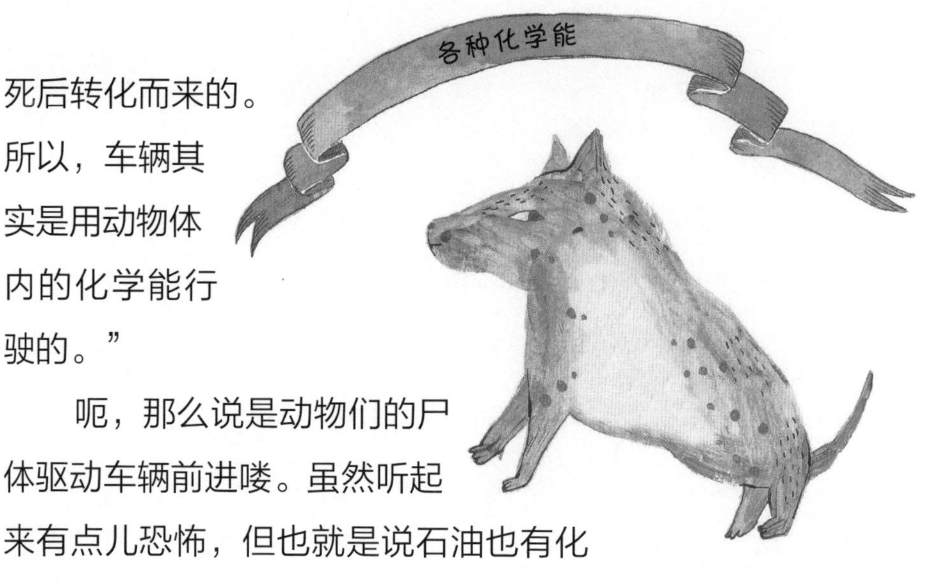


呃，那么说是动物们的尸体驱动车辆前进喽。虽然听起来有点儿恐怖，但也就是说石油也有化学能。

“那煤炭也是吗？”

“是啊，煤炭是很久以前死去的植物转化而成的。燃烧煤炭就是燃烧以前储存在植物体内的化学能。”

“但是大臣，为什么要叫化学能呢？这名字很难记呀。”

小敏说得对。像动能或光能这样的名字可以体现出其特征，所以大体能猜出是什么样的能源，但从化学能这个名字上看不出其特征，所以猜不出来是什么样的能源。

“化学能是物体发生化学反应时所释放的能量。”

自从来到能源国之后，小敏就一直很努力地学习关于能源的知识。

“看到你这么努力地学习关于能源的知识，我很满意。你是来请我参加能源会议的吧？我一直在你们体内，等到能源会议召开的时候我们再见吧。”

“我们吃的食物中都含有化学能，我们体内的化学能是维持我们生命的能。一旦化学能大臣生气了，我们的身体就会生病，知道了吗？”

哇，化学能大臣真是心地善良啊，他一直在小敏的身体里默默无闻地保护小敏，真是太伟大了！

# 在电缆上来回奔跑的电能

“我是电能大臣。你就是浪费能源的小敏吧！”

唉，该来的终于来了！电能大臣一见到小敏就开始大发雷霆。小敏赶紧跑到大臣面前道歉。

“对不起，大臣！”

“你想干吗？”

“请解除给我下的电能禁令吧。”

小敏边哭边缠着大臣，我猜他认为电能大臣是管理电能的，只要他同意了，即使不开会也能解决问题。

“你这孩子，别碰我！弄不好会触电的！”

听到这话，小敏吓了一跳，赶紧把手缩了回来，又往后退了几步。

电能大臣瞪大眼睛，紧张地看着

小敏。

“哎呀！你这冒失的孩子，搞不好你就送命了！”

小敏光顾着求情，差一点儿就出大事了。电能大臣大发雷霆也是有理由的呀。

“我虽然是电能大臣，但给你下的电能禁令是能源会议决定的，我一个人是改变不了的。”

听到大臣的话，小敏又变得闷闷不乐了。

“给你看一个比电脑游戏更好玩的东西吧。”

大臣挥了挥手，在空中画出了小敏的家。

“哇，是我家呀。”

“你家里使用的电能是从哪里来的呢？”

“是电缆吗？”

“是呀。电缆是电输送到家里之前要经过的地方。那么发电的地方在哪里呢？”

“发电站吗？”

“没错，电能是从不同种类的发电站产生的。在水力发电站，高处的水流下来，其重力势能转化为动能之后，转动发电机就产生了电能。在火力发电站，燃烧煤炭、石油等，可以把化学能转化为电能。”

好奇怪，直接使用重力势能或化学能不就行了，为什么要转化为电能来使用呢？

“为什么一定要把各种能转化为电能

电线杆
发电站
变电站

呢？多麻烦哪！”

“想一想你家里的各种电器吧。都是要用电的，再说只要有电线，不管在哪里，都能快速地把电传输过去。水的重力势能只能在高处有水的地方才可以使用，而电脑不能用高处水流的重力势能启动吧？”

啊哈，电能有这么大的好处哇！

“所以，可以说浪费电能也就是浪费了别的能源。懂了吗，小敏？”

“是的，大臣。为了产生电能需要各种其他的能源，所以说就更应该节约使用了，是吧？”

“哈哈，是呀。看你已经理解了这一点，我就放心了。我答应你去参加能源会议。”

刚开始看到电能大臣发火的样子，我觉得很可怕，现在看来他也是位好心人哪。

“谢谢您，大臣！精灵女士，现在能开会了吗？”

我们已经见过了各位大臣，并争取到了他们参加能源会议的承诺。所以，小敏有点儿得意扬扬了。

“现在还不能开，还有事情要做。”

“啊？”

“你们现在只知道什么是能源，还不清楚能源是怎么被发现和使用的。如果就这样出现在能源会议上，不能正确回答出各位大臣的提问的话，还是不能解除禁令。你愿意那样吗？”

我要看动画片哪，跟小敏一起到能源国旅行，也是因为这个呀……

“那，那怎么行呢！”

“所以，在能源会议召开之前，你们就要跟我一起完成能源国的全部旅程。”

“哇，一定会很好玩！”

听到要去旅行，小敏非常高兴，大声叫起来。哎哟，他不会这么快就忘了来这里的目的吧？不过说实话，我也很期待在能源国的旅行，呵呵。

**被广泛使用的电能**

由于电能便于运输，又容易转化为其他形式的能，使用时也不会产生污染物质，所以在生活中我们处处都在使用电能。像荧光灯、白炽灯、信号灯，人们利用的是电能转化的光能；像电炉、熨斗、电饭锅等，人们利用的是电能转化的热能；像电风扇、洗衣机等，人们利用的是电能转化的动能。

能源是
从哪里来的

# 第一次使用火

“咔嚓！轰隆隆……”

一道闪电划过天空，伴随着轰隆隆的雷声，眼前的一棵大树被闪电劈成两半，被闪电劈开的大树顿时燃起了熊熊烈火。

“这里是100万年前的地球，现在让我们来看一看，原始人是怎样发现能源的，他们又是怎么利用能源的吧。”

远处出现了身披动物毛皮的原始人，他们小心翼翼地走到正在燃烧的大树旁，捡了几根燃烧的树枝，又回去了。

“我们也跟过去吧！”

小敏大声喊着跟了过去。

原始人来到一个大大的山洞里。地上堆着干树枝，上面还架着穿在树枝上的猎物。那些人把有火的树枝扔了上去，过了一会儿，飘来了烤肉的香味儿。

肉烤熟了之后，人们开心地分享了食物。

“我还以为原始人是吃生肉生活的，原来他们也知道把食物做熟了吃呀。”

“开始，在打雷或者火山爆发、山林起火时，也就是自然起火的时候，原始人都很害怕，只顾着逃跑。但他们后来在很偶然的情况下吃了被火烧死的动物，发现这比生肉更好吃，更容易消化，也更少闹肚子。”

“但是，自然起火能有几次呢？只在那时候吃饭的话，岂不是会被饿死了。”

小敏说得对，我这辈子都没见过自然起火的情况呢！

“所以，一旦取回火种来，人们就会尽最大的努力不让火熄灭。人类下决心使用火，这确实是一个了不起的决定。”

精灵女士笑眯眯地说。

“火真的有那么重要吗？”

“当然啦！火的使用是件大事。在动物当中，只有人类会使用火。大部分物质一旦接触到火，形状就会完全改变，所以人们认为火具有魔力。之后几个勇敢的原始人开始使用火，人类文明从而快速发展起来。”

火竟然如此重要，能推动文明的发展。我突然觉得，能让小敏煮拉面吃的燃气好伟大呀。

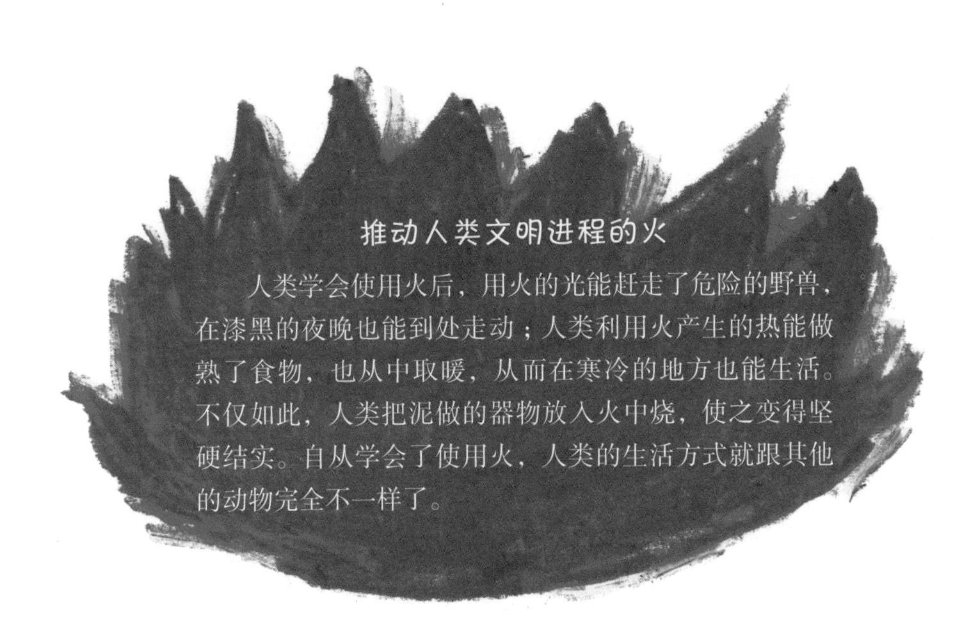

### 推动人类文明进程的火

人类学会使用火后，用火的光能赶走了危险的野兽，在漆黑的夜晚也能到处走动；人类利用火产生的热能做熟了食物，也从中取暖，从而在寒冷的地方也能生活。不仅如此，人类把泥做的器物放入火中烧，使之变得坚硬结实。自从学会了使用火，人类的生活方式就跟其他的动物完全不一样了。

# 自然给予我们的礼物——能源

我们来到了一个小山坡，离这里不远的地方还能看到几个红色的风车。精灵女士突然问道：

“人类最早使用的能源是什么呢？”

“火啊。不是使用火的光能和热能了嘛！”

小敏摇了摇头，说：

“托托，你错了。只有吃了食物，体内产生化学能。”

“你又自以为是了，我可是很聪明的狗狗，我说的是对的！”

“托托，这次是小敏说对了。人类是利用食物中的能量来行走、奔跑、搬运重物、打猎和种庄稼的。”

小敏朝我吐了吐舌头，故意气我。哼，好不容易才答对了一次，就高兴成这个样子了。

“那在火的光能和热能之后，人类使用的能源会是什么呢？”

我不知道这个问题的答案。看来，确实需要多学习能源方面的知识。否则，以现在这个水平去参加能源会议的话，一定会失败的。

“人类发现了火之后，对能源给予了很大的重视，后来就发现了风能和水能。”

刚好这时不知从哪里吹来一阵阵凉爽的风。

“您是说风吗？”

“还记得刚才动能大臣说的话吗？”

“所有处于运动状态的物体都具有动能，是这句话吗？”

“嗯，是的。风是由于空气的运动而产生的，所以，风也有动能。风能可以摇动树枝、吹走树叶，甚至有的大风还能将大树连根拔起。看到风有如此巨大的力量，人们便想出了利用风能的方法。”

说着说着，我们就到了一个大风车前面。

“哇，好大呀！”

我们不由得赞叹起来。利用风能使机械运转，从而可以提水、磨面等。

看完风车，从小山坡上下来，凉爽的河水在前面迎接着我们。

我和小敏跳进河里，打起了水仗。

“待会儿我们要去的地方会有点儿热，所以，现在就尽情地享受一下凉爽的感觉吧。”

刚才跑得我都喘不过气来了，幸好现在可以休息一会儿。

“不行，精灵女士！快点儿把问题解决了，我们也好早点儿回家呀。我跟朋友约好在网上见的。”

我还以为小敏对能源会有更多的兴趣，看来他的脑子里还满是电脑和游戏呢。

“就依你吧，小敏，我只是担心你会累着才要休息一会儿的。”

“不休息也可以的。对吧，托托？”

虽然很想休息一会儿，但我还是无奈地点了点头。

人类利用能源的顺序

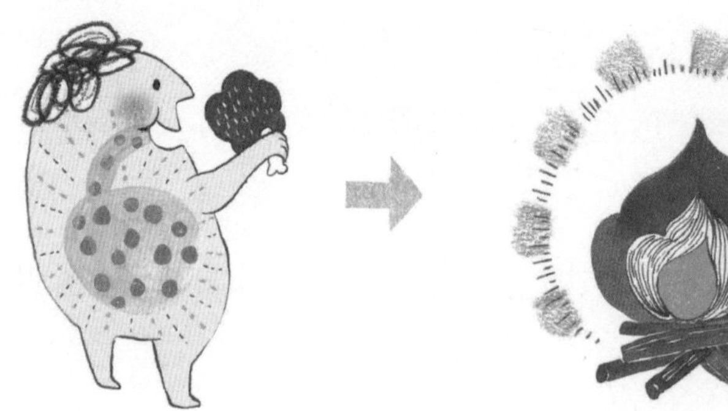

吸收食物的能量，
在体内转化为化学能。

发现了火，利用
了光能和热能。

“我们得去河的下游。去的方法就由你们选，是照我们之前那样使用我们体内的化学能顺着河边一直走下去呢，还是利用水的能量下去呢？”

水的能量？好像很有趣。小敏和我面面相觑，接着我们大声问道：

“利用水的能量？”

“想好怎么利用了吗？”

咦？不是精灵女士带我们去吗？我们看着奔流不息的河水，仔细思考着水到底具有什么样的能。水在流……水在移动？呀，想到了！我大声说：

“流动的水具有能量。刚开始，河上游的地势很高，所以有重力势能，水向下游流动的过程中，重力势能转化为动能。这动能可以使船动起来，我们就能乘船

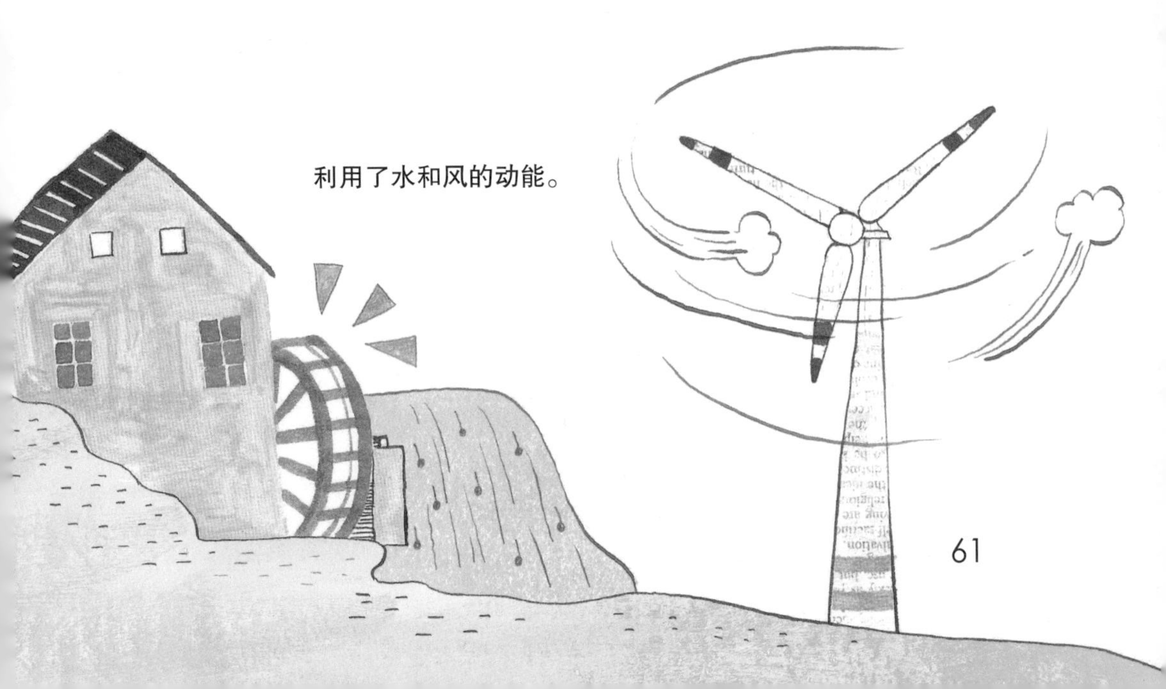

利用了水和风的动能。

去了。”

精灵女士露出了灿烂的笑容，用手指了指河边，那里有一只拴着的木筏。

“托托跟主人一样聪明，我们乘坐那只船走吧！”

我们小心地走上木筏，解开了绳子。流水带动着木筏，从我们身后吹来阵阵凉风。

“哈哈，是顺风！试试拉起船帆，怎么样？”

精灵女士用食指画了帆和桅杆，接着，很酷的船帆就出现在我们眼前。

“速度比刚才更快了，小敏。”

“可能是水的动能再加上了风的动能的原因。”

有了船帆，风也能推动木筏了。不对，现在应该叫帆船了吧？

“好吃的水果、笔直的树木、各种动物、凉爽的风和清澈的小河，这些都是自然中可利用的能源。这是自然给予我们的能源礼物！”

乘坐帆船的精灵女士好像也很兴奋，哼起了歌来。

# 改变世界的煤炭

18世纪的伦敦

呼哧、呼哧、哧——

蒸汽火车喷出团团蒸汽，像是马上要出发了。周围到处是穿着漂亮礼服的女士和头上戴着礼帽的男士。之前我们去的都是安静的地方，现在突然来到有这么多人的地方，真有点儿晕头转向的感觉。

“精灵女士，这是哪里呀？”

小敏看到眼前的场景惊呆了，瞪大了眼睛问道。

“这里是18世纪的伦敦。”

“伦敦是英国的首都，为什么要来这里呢？”

精灵女士没有回答，而是带我们走进蒸汽火车的工作间。进到工作间，那里面真像是蒸汽房。角落里一种黑色的石头堆成了一座小山，旁边一个巨大的火炉里边喷吐着火苗。有两个满身大汗的人正用铲子把黑色的石头铲到巨大的火炉里。

“咦？那个是煤炭吧？”小敏说。

“对，人们用煤炭这种新的能源代替了树木，煤炭是改变世界的重要能源。从煤炭朋友那里听一听故事怎么样？”

精灵女士微笑着说。

角落里的煤堆上，一个煤块儿眨着大眼睛向我们问好：

“你们好！孩子们，我就是改变这个世界的煤炭哟，很高兴见到你们。”

接着，煤炭讲起了故事：

“随着生活环境的改变，技术和工业越来越发达，人们就需要更多的能源，也就是需要更多

**煤炭是怎样形成的**

在很久以前，有一种高大的植物覆盖着地球的表面，这种植物叫作蕨类植物。后来，蕨类植物由于地震或山崩被埋在了地下。上面有石头、泥土、沙子层层覆盖着，紧紧地压着植物。埋在地下深处的植物长期处于高温高压状态下，这时，植物中含有的水分、二氧化碳等各种物质消失了，只剩下黑色的碳，渐渐变得像石头一样坚硬，这就是煤炭，而煤炭是经过几千万年的时间才能形成的。

的树木。但是，木头不仅可以用作燃料，盖房子、造船时也是必不可少的。所以，树木越来越少了。

“正在那时，我被发现了。燃烧煤炭时，可以获得的能量是燃烧木头的3倍。而且煤炭运输起来容易，储存起来也方便。燃烧我的时候虽然会产生一些带污染的气体，但是比起烧木头有更多的好处。”

“那为什么是英国最早使用煤炭的呢？”

“那是因为英国最早发明了蒸汽机，引发了工业革命。蒸汽机是利用烧开后的水产生的蒸汽驱动机械的，所以就需要能源将水烧开。于是，人们开始使用可提供更多能量的煤炭。后来，人们还制造出了蒸汽火车、蒸汽船。我真的很了不起吧？”煤炭耸耸肩说。

“是啊，难怪得到了‘改变世界’这样的赞美。”

一旁露出满意表情的精灵女士说道。

“人们开始意识到能源的重要性，知道了能源可以推动经济的发展和开创新的世界。”

这时，地面突然晃动得很厉害。

“精灵女士，出什么事了？”小敏被这突如其来的地震吓了一跳。

“我们还没见到其他的化石燃料呢，快去看看吧。”

精灵女士催促道。

地震几秒后就消失了，但我的心脏还是跳得很厉害。

我们是过来解除电能禁令的，可不要死在这里呀。

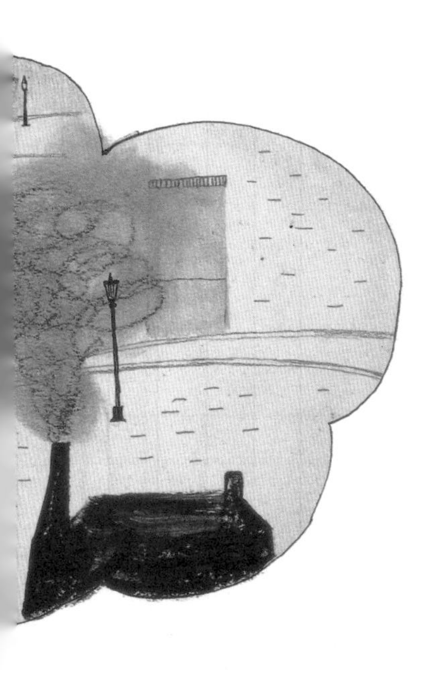

**什么是化石燃料**

目前，世界上所使用的能源中，80% 的能源是煤炭、石油和天然气。这些就是我们所说的化石燃料。这些燃料是很久以前生活在地球上的生物死后埋在地下，经过很长的一段时间，经过一系列的变化而形成的能源。

# 黑色黄金——石油

跟煤炭分手之后，我们走了好长一段时间，天气越来越热了。

“哎呀，好热呀。”

这里到底是什么地方啊？也没走多远哪，该不会是沙漠吧。

“看来我们已经到了。”

精灵女士说。

但这里不是沙漠呀。向四周望去，是干枯的草原而已。这时，在前方出现了奇怪的东西。地面上像是有一些黑色的东西，中间还汩汩地涌出一点儿液体。我立刻跑了过去。

“托托，等等我！”

我生怕小敏会先我一步看到这些液体，所以我以更快的速度跑了过去。

咦，这是怎么回事？这并不是水，而是黏糊糊、滑腻腻的黑色的油。

“是石油！”

小敏大声喊道，一副神气的模样。

“对，石油就是你们要见的第二种化石燃料。人们在数千年前就开始使用石油了。人们为防止东西腐烂而把石油涂抹在物体的表面，也把石油用在点亮油灯或者小提灯上。后来人们逐渐发现，石油比煤炭能获得更多的能量，产生的污染物质却更少。但那时人们还不知道地下埋有多少石油。所以，石油像现在这样大规模地被用作能源的时间并不长。”

那人们是怎么知道地下埋有这么多石油的呢?

“你们好啊，孩子们。”

“妈呀！”

装满石油的圆桶拍了一下小敏的肩膀，吓得小敏摔倒在地。

哈哈，活该。

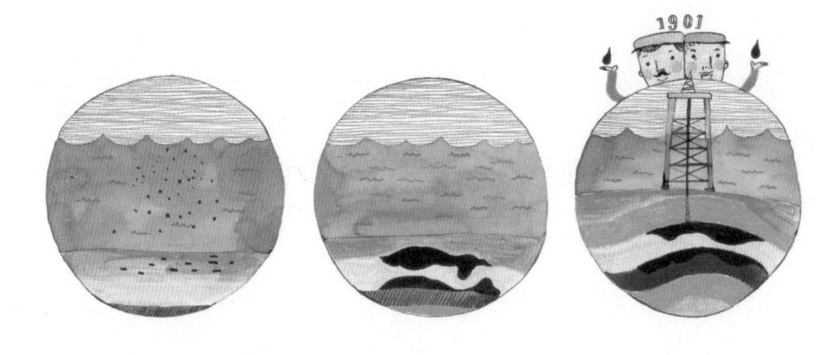


石油正式开始介绍自己：

“19世纪，人们需要大量的能源。为此，人们开始不停地开挖煤矿。但是，使用煤炭有很多弊端：一是使空气污染越来越严重，二是对矿工的健康损害很大，三是随着煤矿向地下开采得越来越深，事故发生的频率也越来越高。所以，人们渐渐把视线转移到了比煤炭更加干净、安全的石油上。终于，在1859年，美国在挖到地下300米时，发现了被坚硬的石灰岩堵住而不能喷出来的石油。石油时代就那样开始了。”

“现在不也是石油时代吗？”

认真思考的小敏说道。

### 石油是怎么形成的

数亿年前，在温暖的海洋里生活着浮游动物和各种微生物。这些生物死后沉到海底并逐渐堆积，偶尔也会有大型动物的尸体沉到大海里，数百万年后便形成了厚厚的生油岩层，上面堆积了大量的被河流带下来的沙子，足有8000米厚呢！微生物尸体在地下深处受到高温高压的作用，在重量巨大的沙石下面腐蚀并分解形成石油。

“没有石油的话，车辆、飞机、船，一个也不能动了呀！”

“石油比煤炭能产生更多的能量。因为石油中没有杂质，燃烧起来几乎不会有残留物。而且由于石油是液体，开发和使用时也比煤炭方便。石油的发现又一次带来了世界经济的飞速发展。”精灵女士说。

但是刚才还得意扬扬的石油突然闷闷不乐起来，说道：

“但最近能源国正面临危机，这让我们很担心。”

这是什么话？能源国正处于危机当中，难道是石油要用光了吗？与其这样带着好奇心，不如问一下精灵女士吧。但是精灵女士一直在催促，我都没办法问了。

“来来，现在该去见最后一个化石燃料了。”

**石油还会用在哪里呢**

不仅是各种塑料、合成橡胶、化学肥料、油漆，就连修建道路的沥青，这些东西的原料都是石油。所以，人们称石油是“黑色黄金”。

## 清洁的能源——天然气

“砰！”

耳边响起了巨大的爆炸声，眼前突然出现了蓝色的柱子。

“天然气漏出来了。”精灵女士说。

“天然气是什么呀？”

“你们要见的最后一个化石燃料。小敏应该见过了吧……好好想一想，你在哪里见过呢？”

小敏摇了摇头，好像想不起来的样子。这时，一种东西的名称在我脑中闪过。

“天然气汽车！”

“托托，你这家伙。每次看到有车经过，就追着车尾跑，好样的！”

小敏笑着摸了摸我的头。

“说得好，但是日常生活中你们就能接触到这种东西。妈妈炒菜用的火就需要燃烧天然气。”

“真的吗？妈妈说是城市管道燃气。”

“天然气公司将从地下开采的天然气除去杂质，加工后再送到每家每户，这样的气体被你们叫作城市管道燃气。天然气本身无色无味，为了让人们在漏气的时候能够及时察觉，所以天然气公司在里面添加了一种有味的物质。”

“那人们是如何搬运这些天然气的呢？”

“在通常情况下，天然气处于气体状态，储存、运输和保存都很困难。人们为了利用天然气而想出来的方法就是‘液化’。液化后的天然气称为液化天然气。”

“什么是液化？”

“就是转化为液体的意思。天然气转化为液体后的体积大约是原来体积的1/600。人们将天然气变成液体后，就能把更多的天然气运输到更远的地方。天然气一般保存在巨

**天然气是怎么来的**

天然气可以和石油在一起，也可以从石油中分离出来，还可以从煤炭中分离而得，所以它的种类很多。生物的尸体在腐化过程中分离出来的气体的主要成分就是天然气。天然气的主要成分是甲烷。

大的储存罐里面，需要用的时候才通过地下的管道供给到每家每户。天然气的污染物质少，又比石油价格便宜，所以，它现在已经成了我们生活中不可缺少的重要能源。”

“我以前一直对能源不关心，但是看到煤炭、石油、天然气这样的能源被使用的时候，全世界都为之欢呼，同时世界经济也取得了飞速的发展，真让我吃惊。”小敏赞叹道。

“就是因为获取容易，使用起来也方便，所以人们才不知道能源的重要性。就像我们平时不会想到空气的重要性一样。”

所以能源国才有危机的吗？那样的话不能就这样袖手旁观，得尽快把能源国从危机中解救出来呀。

我大声喊道：

“我们快去见下一个能源吧！”

## 拥有巨大能量的小颗粒——原子

“现在，我们要去见的能源是一个比石油产生的能量多成百上千万倍的朋友。”

“什么？”

小敏和我都被吓住了。比石油的能量大那么多，那确实是巨大的能源啊！

“这就吓到了呀，如果说那个朋友用肉眼看不见，得扩大100亿倍左右之后才能和你们交谈，会不会觉得更吃惊啊？”

我都被那些连续出现的巨大的数字弄晕了。肉眼看不见的小颗粒能产生比石油多得多的能量，是真的吗？

精灵女士用食指点了点旁边的金属块，这时，很多小球跳了出来。这些小球渐渐变大，最后变成了又大又圆的球体。

“你们好！我们是原子，确切地说，我们是铀原子。欢迎来到原子能区！”

铀原子一打完招

**什么是原子**

所有物质都是由原子组成的。这些粒子非常小，在特殊显微镜下才能看见。原子是由原子核和围绕原子核不停高速旋转的电子组成的，而原子核又由质子与中子组成。

呼，周围突然变得很亮，形状和铀原子差不多的球体和复杂的机械一个个出现了。

“我是铀235，它是铀238。”

“但在自然界中，我的数量要多得多！在地下发现的铀大部分是铀238。”

“但是，只有我铀235参与了才能产生原子能！”

两个球体一登场就吵个没完，吓得小敏只能傻傻地愣在那里。

“不知道你们在说什么。给我们仔仔细细地讲讲吧。”

“核裂变的时候产生大量能量的就是我铀235。”

“但是，在地下你的数量很少哇。就算在工厂经过处理，也只能提取出很少的量……”

“那都是为了安全

**铀元素的名称是怎么确定的**

铀元素的名称是把组成原子核的质子和中子的个数加起来命名的。“铀 235”的原子核是由 92 个质子和 143 个中子组成的，而“铀 238”的原子核是由 92 个质子和 146 个中子组成的。

哪。如果有太多的我在里面的话，反应速度会非常快的，一次性产生巨大的能量就成原子弹了。”

铀235和铀238拌嘴的时候，精灵女士插了句话：

“像这样近距离接触铀的话，会出大事的，因为铀会放射出有害的放射性物质，但是在能源国里就没事。把这个装进核反应堆里，把中子发射进去，原子核持续进行裂变，可以产生巨大的能量。”

精灵女士手里拿着跟小牛奶盒一样大的金属，继续说：

“1000万升石油所产生的能量，跟这块牛奶盒大小的铀所产生的能量一样。”

哇，好伟大呀。我们家也有那么多的铀就好了，有

铀的话就不用担心石油用完了。

“这是在石油之后发现的新能源吧。”

小敏这么一说，两个铀原子肩并肩得意地说：

“核能不仅在发电站发电的时候使用，在医院拍X线或杀死癌细胞的时候也会使用。消灭细菌、检查建筑物有多结实的时候也需要我们！期待我们以后会起更大的作用吧！”

刚刚还争吵个没完，现在又成好朋友了，真是有趣的家伙呀。

“好，我们很期待！很高兴见到你们。”

我们与有趣的铀原子朋友分开，走出了原子能区。

### 人类是从什么时候开始利用原子能的呢

人类是在20世纪50年代开始正式用核能发电的。现在，世界上已经有很多国家拥有核能发电站了。

# 去寻找新的能源

# 电能的重要性

“如果一整天都停电的话，会怎么样呢，小敏？”

这不是来这儿之前在我们家里才发生的事嘛。不知道有多无聊！什么都做不了。

“呃，想都不敢想。”

小敏摇摇头说。

“那也要想想看嘛。你最先会想到什么样的情形？”

“电脑！像我一样用电脑的人如果碰上突然停电的话，应该会感到束手无策的。”

原来如此，虽然小敏是在玩电脑游戏，但是在公司用电脑工作的人们，因为突然停电，很多文档来不及保存，应该会很愤怒吧。

“电话也不能用。”

我想起了刚才一停电，小敏就想给他妈妈打电话但是没打通的事情。

“但是有手机呀，托托。”

“你真的这么认为吗？城市里的数十万人都一起打手机的话，是不容易接通的。再说，停电了之后，发

送手机信号的信号发射站也没有电，不能正常工作，所以手机也就不能使用了。”

还会有什么呢？

“对了，地铁！地铁列车是用电行驶的，在黑暗的隧道里突然停电的话，应该会很害怕吧。”

“乘电梯的时候停电的话就会被关在里面。我有一次跟着小敏去他朋友家的时候，电梯突然停住，我们在里面被关了5分钟，那时小敏还哭了呢。”

“我什么时候哭过！”

小敏好像也想起了那件事，脸都羞红了，还大声叫喊。嘻嘻，真好玩。

“工厂里的机器也会停的，对吧？人们得代替机器做工，而有些过于危险和需要很大力量的工作，单靠人的力气是完全做不到的。”

“工厂休息一天半天也行吧？”

“虽然可以那么想，但城市里不是只有工厂。在医院里，如果医疗器械停止工作，照亮手术室的灯也会灭掉。虽然可以启用临时发电机救治危急的患者，但是

想一想，如果停电持续的话会怎么样呢？很多患者不就非常危险了吗？”

呃，好恐怖！绝对不能让整个城市都停电的情况发生……

“我以前在生活当中，根本不在意能源这回事，现在真是感到很惭愧，精灵女士。”

小敏在反省自己浪费能源的行为，我也感觉到事情的严重性。

这样看来，在我们生活中，能源是非常重要的。所以，一旦出现了能源危机，就会非常麻烦。一想到能源与我们的生活如此密切相关，我也着急了，说道：

“那就得尽快解决能源国的危机啊！到底是处在什么样的危机状态呢？”

天空中布满了乌云，能源国的晃动也越来越厉害了。精灵女士看了看天空，一脸担心的样子，开始告诉我们。

## 能源短缺吗

“能源国摇晃是因为能源不足引起的。”

看到晕头转向的我们，精灵女士无奈地笑了一下继续说：

“具体来说是化石能源短缺。你们生活的世界所使用的能源中，80%是化石能源。但是，最近人类意识到人们能从地下开采的化石能源已经所剩无几了。”

“我还以为几年内就会用光了呢。”

小敏这么一说，精灵女士的表情一下子变得很严肃。

“我还以为小敏你到这里以后有了不少领悟，现在看来还不够哇。能源不是只有你一个人在用啊，将来，你的后代使用的能源得到哪里去弄呢？”

说的也是，煤炭、石油、天然气是在地下经过数亿年的时间形成的，而且人们所需能量却逐渐增多，这也加快了资源减少的速度。小敏不了解这种状况，就说出了那种话，难怪精灵女士会生气了。

“现在能用钱买到能源，也算是幸运的了。再过一段时间，就很可能出现即使有钱也买不到能源的状况。”

“那使用别的能源就行了呀。”我说道。

来到能源国之后，我了解到人类可以从大自然中不断开发出新的能源。

“托托说得对。但是，人类从大自然获取新能源的技术尚在探索中。现在使用新的能源代替化石能源还存在不足之处，此外，化石能源也有几个缺点。”

“听说燃烧木材、煤炭、石油、天然气会生成有毒气体。”

“对。把煤炭或天然气用作燃料的工厂、发电厂、车辆会向大气中排出各种污染物质，这些物质与雨水混

合后就产生了酸雨。”

精灵女士说，酸雨会破坏植物的叶绿体、酸化土壤、腐蚀建筑等。当然，酸雨对我们的身体健康也不好吧。

“不被酸雨淋到就可以了嘛！化石能源没有别的问题吗？”

“燃烧化石燃料的时候，产生的除了污染物质，还有二氧化碳。这种气体会使地球变暖。”

咦！那冬天也会暖和吧，这样不是更好吗？

“我更喜欢温暖啊！”

小敏好像跟我想的一样。

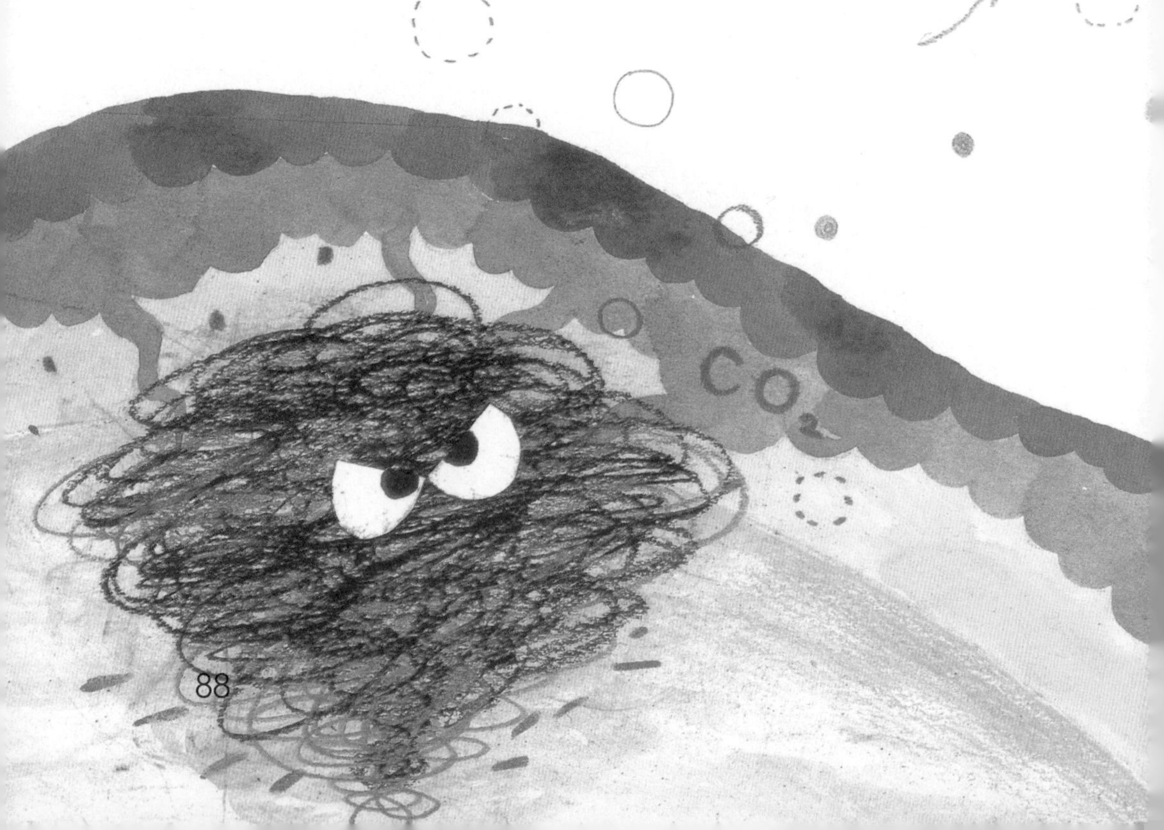

“你们真的这样认为吗？地球变暖的话，是要出大问题的。”

这时能源国的地面一阵晃动，传来可怕的声音。

### 二氧化碳和温室效应

二氧化碳不会直接危害到人类和其他生物，但它具有吸热和隔热的作用，使地球上的热量无法向外层空间发散。所以，地球会像温室一样暖和，这就叫作温室效应。地球的温度只要上升1℃，就会造成南极和北极大量的冰雪融化。那样的话，海平面就会上升，很多陆地就会被海水淹没，这会使人们生活的陆地面积减少。

## 找出新的能源

小敏和我陷入了沉思。地球变暖的话是要出大事的呀！

再说，我们根本没有想过化石能源面临着这种危机，可是也不能因此停止使用化石能源。

“没有化石能源的话是会出大问题的，怎么办呢？”

小敏担心地自言自语道。

“能怎么办？想出解决的方法，然后实践就可以了呀！不必那么垂头丧气，到了我们齐心协力的时候了。”

看到我们泄气的样子，精灵女士忙为我们打气。

“那么，要想克服能源国的危机，首先应该做些什么呢？”

“节约使用能源！”

我说出了最想说的话。

这时，小敏摇摇头说：

“无论怎么节省也不行，得开发新的能源才行。”

“那是得开发别的能源。”

“燃烧化石能源的话，剩下的是一些不能再用作能源的残留物。但是，铀在核能发电站生产电能的时候，剩下的物质是可以再利用的。如果能很好地处理铀的循环利用的话，在未来的3600年内都可以使用。”

“3600年都不用担心能源的问题了！”

小敏的脸上立刻变得有光彩了。

核能是继石油之后干净且安全的能源之一，这一点是无疑的。在法国和瑞士等国家，人们使用的电能中有一半以上是通过核能发电生产的。但是，在使用原子能的时候，还要注意处理好放射性废物的问题。”

“什么是放射性废物哇？”

“使用原子能之后留下来的产物叫作放射性废物。即使很小剂量的放射性废物对生物都存在着很大的危害。所以，在使用核能的地方必须时刻注意安全。为了安全地处理放射性废物，还需要投入不少的努力。”

解决能源国的危机真是件不容易的事情啊。我们能做好这样的事情吗？我有点儿担心。

“这么说，新的能源得是在地球上容易获得的、没有污染的、不用担心全部都用光或是能长时间使用的喽？”小敏问道。

“对，这就叫作可再生能源。”

“可再生能源？”

“是呀。煤炭或石油使用过一次后就不能再用了。可再生能源是指使用过一次之后还能再使用，且不污染环境的能源。例如，利用太阳能生产电能的话会怎么样呢？太阳能是无论用多少都不会耗尽的，也不会有污染，是可再生能源。你们愿不愿意找出这样的可再生能源，把能源国从危机中解救出来呢？”

“当然愿意了。”

小敏和我勇敢地回答。

想象着能找出新能源，我的心都激动起来了。

## 核能存在着什么问题呢

放射性废物主要埋在地下：找到不会发生地震的稳定的地方，利用结实的设施密封好，不让放射线泄漏出来。但是要保管好这些废物需要投入很多的管理费用，保存放射性废物的地方又很有限，这都是核能的不足之处。虽然人们已经意识到核能是既安全又干净的能源，但就因为这些原因，所以核能目前还不能被很广泛地使用。

## 热能也要被重新看待

“去哪里寻找新的能源呢？也不知道长什么样。”

虽然我们跟精灵女士说的时候很自信，但真的要去寻找新的能源，还是有些迷茫。

“有没有更好的方法去利用我们一直使用着的能源呢？”

“如果有一种方法能有效收集没有用处的热能，并再次利用……”

听到小敏的话，精灵女士微笑着说：

“是有那样的地方，就是废热发电站。”

“发电站是生产电能的地方啊。”

“没错。废热发电站是再次利用热能的发电站。用转动水轮机时散发出去的蒸汽再次转动水轮机生产电能。虽然蒸汽的力量变弱，但是温度能上升，用这些热能可以烧水，提供给附近的家庭或工厂。用热水不仅可以取暖，还能洗澡呢！”

“还有那种方法呀！在周围好好寻找的话，丢弃的东西也可以作为能源来使用。”

小敏笑着说。我也高兴地摇了摇尾巴。

“也不是很难嘛！来，我们接着去寻找下一个可再生能源吧，托托！”

# 利用风能来发电

“人类使用最多的是电能，我们就来想一想可以用来生产电能的材料吧。”

“精灵女士说过，转动发电机的水轮机就能产生电能。”

“转动？风车！把风车和发电机连接上的话就能转动发电机了呀！”

以前，人们转动风车来磨面，现在可以利用风车发电哪！

“来，这里是你们刚才想到的利用风能发电的地方，就是风力发电站。”

来到风力发电站，我们看到几个大型的风车在转动。

“如果不刮风的话就不能发电了吗？”

精灵女士眼睛一亮，回答了小敏提出的问题：

“所以，风力发电站要建在风向比较固定的、风力大的地方。”

“呃，那风力发电站就不能生产很多的电了。”

要是风刮得再大些，能建更多的风力发电站就好了，真可惜。

# 大海给予的能源

小敏非常喜欢吃贝类，有时全家人还会一起去海边捡很多的贝类烤着吃。有一次，我也吃了很多的贝类。但是，在海边捡贝类的时间是有规定的，因为只有当海水退潮的时候，浅滩才会露出来。我一路都想着好吃的贝类，在不知不觉中，我们三个就来到了凉爽的海边，海浪拍打着岸边。

哗哗，哗哗……

“海水也是一直运动着的，应该带有能量！是吧，托托！”

我一直想着吃的，小敏突然跟我说话，我都愣住了。看来现在小敏满脑子想的都是关于能源的事。

“真聪明，小敏，都想到可以用海水发电了。”

精灵女士见小敏很认真地寻找新的能源，看起来很高兴。

“利用海水涨潮和退潮时的落差发电的地方叫作潮汐发电站。把涨潮时涌来的海水在大坝里储蓄起来，等到退潮的时候把闸门打开，让海水的冲力转动发电机的水轮机而发电。原理跟水力发电站相似。”

“利用跟水力发电站一样的原理，在涨潮和退潮时落差大的地方建发电站会更方便吧。”

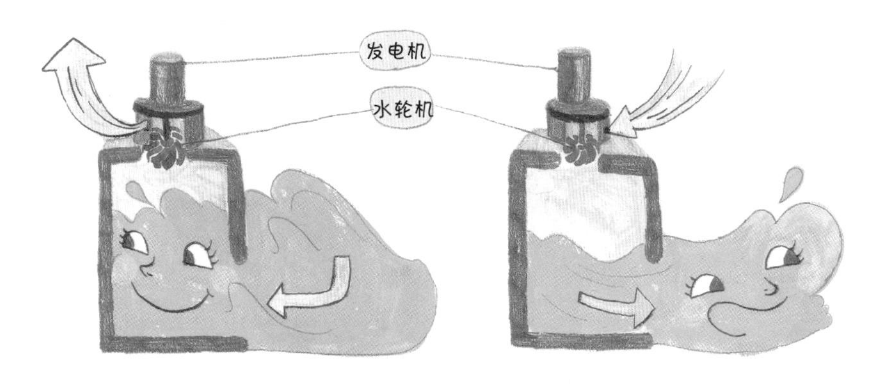


涨潮的时候储蓄海水，退潮的时候打开闸门，让海水冲下来转动水轮机。

“看你们这么努力地寻找新的能源，我介绍一个特别的朋友给你们认识认识吧。”

精灵女士话音还没有落，砰的一声就出现了一个脏兮兮的冰块娃娃。

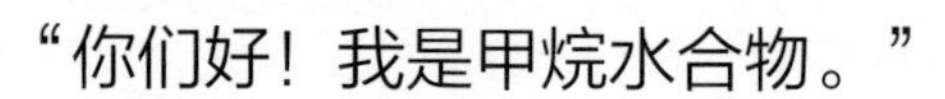

“你们好！我是甲烷水合物。”

“甲烷……什么？”

“甲烷水合物。我名字叫起来有点儿难吧！我生活在海底深处，包含很多天然气。”

“哦！那可以代替城市天然气使用了。”

又找到一个新能源了。万岁！

“是呀，但是我体内的甲烷也像二氧化碳一样有使地球变暖的作用，这是我的缺点。不过在海底，甲烷水合物的含量是很多的。”

只要找到有效利用新能源甲烷水合物的方法，就可以不那么为能源短缺担心了。

“我们会很快见面的。我要钻研如何开采你的高端技术！”

在我看来，小敏要开采甲烷水合物的那句话并不像是在开玩笑。

**在海底深处的“可燃冰”**

甲烷水合物也称作“可燃冰”。它外表看起来像冰，点燃的话会像煤炭一样燃烧起来。在不久的将来，甲烷水合物就会进入我们的生活当中。

# 从生物当中获取的生物能源

和甲烷水合物告别后，精灵女士和我们继续前行。

“让我们的生活更加方便的汽车是需要石油的，会不会有能代替石油的燃料呢？”

“石油也是油，用食用油不行吗？”

“什么？食用油？”

对于我说的话，小敏摆出一副不可理喻的表情，这让我很是惭愧。但是，一提起油，我立马想到的也就只有食用油了。我的想法很怪吗？

“真聪明！你们刚才找到了生物能源。”

精灵女士看着我们，脸上浮现出满意的表情。

“生物能源吗？”

“是呀。还记得我说过植物进行光合作用，把太阳能转化为化学能储存在体内吧，像这样储存在生物体内的能源就是生物能源。还有，将牛和猪等家畜的粪便或者食物垃圾通过微生物发酵，能得到含有很多甲烷的气体。天然气的成分大部分是甲烷，通过净化发酵后，就可以像天然气一样使用。”

像家畜的粪便和食物垃圾这种看似没有用的东西也可以成为很好的能源，真是不可思议！

### 不依赖石油的哥德堡

生物能源可以从我们周围的玉米、甘蔗、油菜花或大豆油中获得，它可以代替石油作为生物柴油使用。除此之外，通过家畜、家禽的排泄物或垃圾得到的能源也叫作生物能源。在瑞典的哥德堡，所需的燃料几乎全都是由生物能源充当的，这个城市真的是摆脱了对石油的依赖。

# 从地下深处抽取的地热能

“哎哟，我的腿呀。托托，我们休息一会儿再走吧。”

为了寻找新能源家族，我们累得腿都酸了，正好我们找到了热乎乎的温泉，把双脚泡在温泉里，感觉整个身体都有劲儿了。

“啊，真好。是谁把水变得这么暖和呢？”

听到我说的话，精灵女士笑着说：

“是地球加热的。”

“地球加热的？”

“是呀，地球内部藏有热能啊。在地下深处的岩石里有不稳定的原子，原子核分裂的时候释放的能源不断地产生热量，这些热量将岩石熔化成了岩浆。岩浆具有非常大的热能，这个热能就叫作地热能。”

难道没有在家里就能拥有温泉水的方法吗？那就不需要用天然气或石油取暖了……

“可以在地下挖一个很深的洞让水流进去，由地热能加热后再抽上来转动发电站的水轮机来发电。烧水时不需要使用燃料，这是地球给予的能源礼物哇。”

“在电视上看到火山爆发的样子只觉得很可怕，现在看来，会不会是地球想告诉人们地下藏有大量的热能呢？”

小敏低声对我说，但没想到被精灵女士听到了。

“呵呵，你也可以这样想。我们继续去寻找下一个能源吧。”

# 从水中得到的氢能

再也找不到新的能源材料了吗?

“那边的红色气球怎么样? ”

精灵女士指着飘浮在空中的红色气球说道。

“呃，橡胶怎么能用作燃料呢。科学课上学过，烧橡胶会产生有毒气体。”

“哈哈，不是说那个，而是说气球里面的气体。”

气球里面的气体吗? 那是什么气体呀?

“在电视上看过发射宇宙飞船的画面吧? 那时候使用的燃料就是氢能。水电解后能得到氢气。想一想那广阔的大海吧。你们能获得的氢气的量应该是无穷无尽的。”

精灵女士补充说道: “燃烧氢气生成的是水，所以不会留下任何的污染物质。”

将水电解能获得氢气。氢气燃烧后会重新生成水。

啊，氢能才像是能同时解决化石能源危机和环境问题的重要能源。

“这么好的燃料为什么一直都没有使用呢？科学家们发现晚了吗？”

等等！不纯的氢气接触火苗的话，会发生爆炸，所以一定要小心利用！

小敏很疑惑地问精灵女士，精灵女士的表情变得有些严肃，说道：

“氢气使用起来有些棘手。氢气在通常情况下是以气体状态存在的，所以利用起来有点儿困难。天然气在化石燃料中之所以最后才被使用，也是因为它是以气体状态存在的。和天然气相比，氢气在更低的温度下才会转化为液体，所以使用液体状态的氢气是很困难的事情。再说，氢气接触火苗就会燃烧，甚至会发生爆炸。所以，要小心利用氢气，否则会很危险。”

“没有什么好的方法能把氢气保存起来并安全使用吗？”

我一问完，小敏就大声说道：

“呃，甲烷水合物加上氢气！我要做的事情太多了！头都快要爆炸了。”

“哈哈哈哈。”

看到小敏抓耳挠腮的样子，精灵女士和我放声大笑，小敏肩上的担子是挺重的呀。

# 太阳能的秘密
# ——核聚变能源

发现氢能后，我肚子饿了，便问精灵女士：

“精灵女士，我肚子饿了。这附近有能源树吗？先吃东西填饱肚子，再去寻找新的能源吧。”

小敏却对我嚷嚷起来：

“托托，再坚持一下。现在，学习比吃东西更重要吧，虽然你只是一只小狗，但是也应该有点儿上进心吧。”

“肚子饿能怎么办？吃饱了脑袋才转得快呀。倒是你，刚才还在撒娇说很累的，什么时候开始老想着新的能源了……”

虽然小敏说得并没有错，但是他突然这样指责我，让我面子上有点儿过不去，才说出了这些违心的话。

“孩子们，不要吵了。托托，这次我们再找一个能源，就吃东西去，好吗？”

虽说小敏在指责我，但人家肚子饿就是没有办法。我无力地躺在了草坪上。在温暖、明媚的阳光下晒着太阳，眼睛不知不觉地闭了起来。

“太阳为什么能一直拥有这么多的热量呢？太阳内部有什么能生产能源的工厂吗？”

“对了！太阳！”

哎哟，吓死我了。小敏的一声尖叫把我的倦意都吓跑了。

“终于把最后一个能源——核聚变能源——找出来

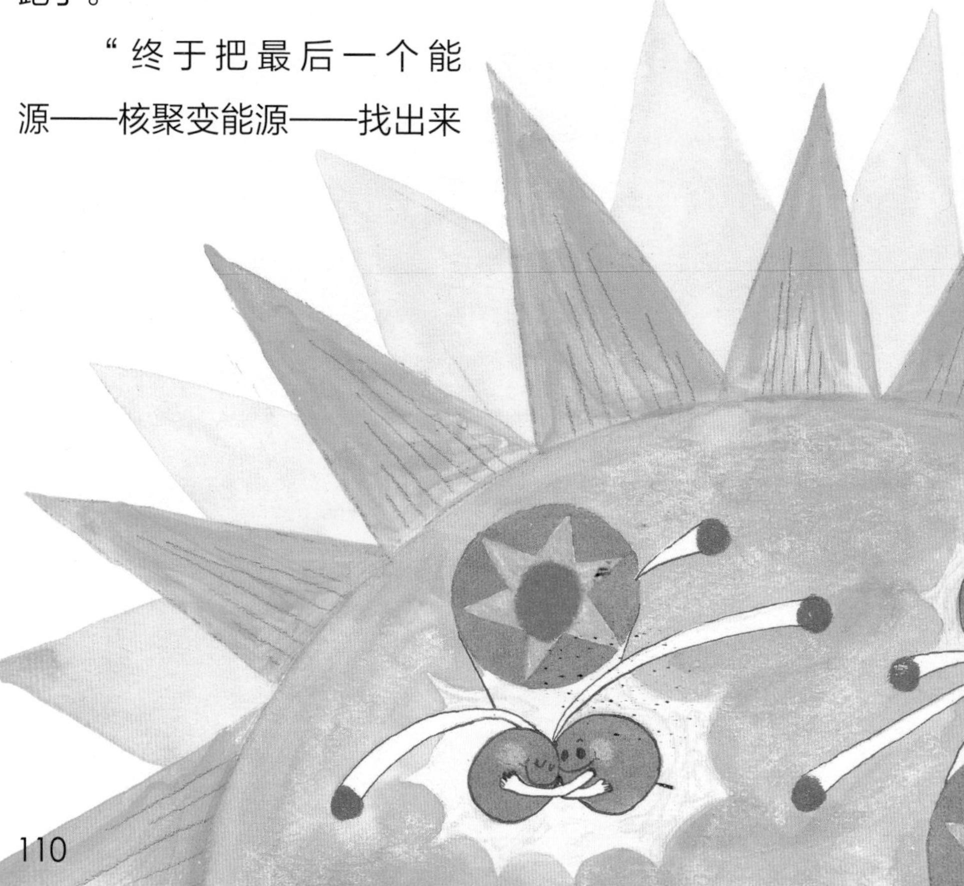

了。这就是太阳能的秘密。”

“核聚变？那跟核发电的时候利用的裂变相反吧？”

小敏用充满好奇的眼睛注视着精灵女士，等待她的

**核聚变产生巨大的能量**

核聚变能量比核裂变能量大 3 ~ 5 倍。而氢在核聚变时产生的能量是燃烧煤炭获得的能量的 3000 万倍。科学家们认为氢气几乎是用之不尽的，所以，如果能很好地利用核聚变能源的话，人类现在面临的能源问题就可以得到解决。

回答。现在的小敏不再是当初见到光能大臣时，紧张地躲在精灵女士身后的那个小敏了。现在的他，像是在享受着与新能源的每一次见面呢。

“是呀。太阳是一颗比地球大130万倍、重33万倍左右的恒星，大部分由氢气构成。太阳是如此大和重，以至于太阳中心的压力特别大、温度特别高。在这种条件下，原子核可以进行聚合，这时产生的能源叫作核聚变能源。”

“不直接燃烧氢气，而是让其进行聚变反应的话，可以产生巨大的能量啊。”

小敏理所当然地说道。

“但以现在的技术，还不能模拟出像太阳那样的高温和高压条件。这种技术一旦开发出来，就不需要去担心能源问题了……”

“原来是梦想中的能源哪。你说那一天会来临吗，小敏？”

“那是什么话！能源是属于有梦想的人的，托托！”

小敏居然能说出那样的话来！也许以后小敏真的能成为研究能源的博士呢。

# 守护能源国

为寻找新的能源，我们好像把体内的能源都用完了。

小敏摸着自己饿得咕噜咕噜叫的肚子说：

“精灵女士！新能源家族我们现在都已经见过了吗？”

“都已经见过了！其实我没想到你会做得像现在这么好。这儿有能源树果实，快吃吧。”

看看周围，天空又变蓝了，还吹来了凉爽的风，能源国的王宫也闪闪发亮。听到精灵女士称赞的话，小敏有些害羞又有点儿自豪。

“通过这次旅行，我知道了能源国的危机就是人类的危机。没有能源我们什么事都不能做。”小敏认真地说道。

“细看人类的历史，能了解到能源在各个阶段都起到了很大的作用。没有火的话，原始社会就不可能正常地发展农业；没有煤炭的话，就不会发生工业革命；没有石油的话，做梦也不会想到家家有汽车；没有核能的话，就不可能生产出充足的电能。现在你们找到的新能源，会成为未来最核心的能源。”

精灵女士进一步做了解释：利用可再生能源需要很大费用。因为还没有开发出适当的技术，所以还无法广泛使用。想要这些新的能源被全面使用，可能还需要很长的一段时间。在此之前，为了守护能源国，我们要节约使用能源。

“这些是刚才就已经说过的呀。”

“我们如果节约使用能源的话，剩下的化石能源就能够使用得更长久一些。那样的话，就可以争取到多一点儿的时间，去开发新的能源。滥用能源的话，即使开

### 罕有小汽车的街道——斯德哥尔摩

瑞典的首都斯德哥尔摩的街道上没有多少小汽车。要想在斯德哥尔摩市内驾车的话，就得交巨额的交通拥堵费和昂贵的停车费。斯德哥尔摩市之所以制定这种制度，是因为石油的价格持续上升，他们对环境问题也十分重视。

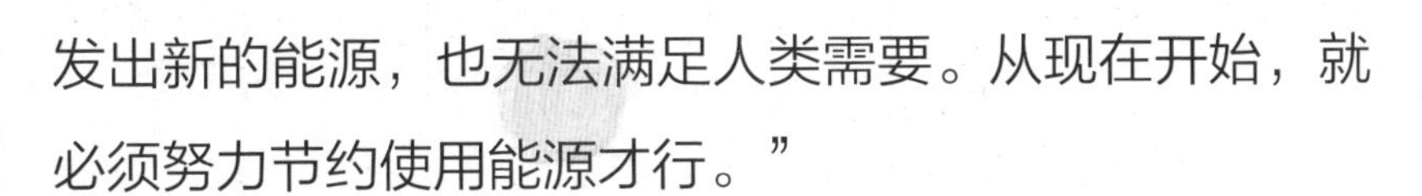

发出新的能源，也无法满足人类需要。从现在开始，就必须努力节约使用能源才行。”

寻找新的能源固然重要，但更重要的原来是节约能源哪。

小敏点点头问道：

“怎么才能节约能源呢？”

“呵呵，那个你好像已经知道了吧。开能源会议的时间也快到了。在能源会议上也有可能需要你说说节约能源的方法，所以现在就开始想想吧。”

太阳女王

# 召开能源国临时会议

小敏因为被禁止使用电能而来到能源国，为了召开临时能源会议，他与各位大臣都见了面。在此期间，小敏临时学到了能源是怎么产生和利用的。他在能源国旅行的时候，知道了能源国面临的危机。

虽然时间很短暂，但小敏和我学到了很多。现在只要召开能源会议并解除电能禁令的话，就可以回家了吧？虽然回家很开心，但我还是有点儿恋恋不舍。

“托托，进去吧。”

我们打开大门，走进了会场，那里已经坐着很多大臣了，而正中间是我们的座位。一直陪着我们的精灵女士要到别的地方去，这样一来，我感觉更紧张了。

“现在召开临时能源会议了。今天的议题是‘是否要解除给小敏下的电能禁令’，有什么意见可以说出来。”

这时电能大臣从位子上站起来。

“小敏这个孩子不光浪费了电能，还浪费了很多其他的能源。他经常浪费水。在不是很冷的天气，他也开电能大臣太过分了。

大暖气。还有，在不是很热的时候，他依然开着空调，浪费了电能。如果考虑到生产那些电能所需的化学能、动能、重力势能的话，我相信在场的各位能源大臣是不会同意解除对小敏的电能禁令的。”

真令人难以置信，没想到电能大臣会持反对意见。但小敏以前浪费能源已是事实，没办法抵赖。

小敏也点点头，脸上带着惭愧的表情。

电能大臣说完后，化学能大臣站了起来：

“小敏浪费了能源是事实，但那只是过去的小敏，我觉得小敏来到能源国之后改变了很多。我一直在小敏的体内，所以知道

关于小敏在能源国经历的很多事情。小敏刚开始对能源还不是很了解，但他带着热情学习了关于能源的知识。现在，他对能源的了解程度应该跟在场的能源大臣差不多了。小敏以前浪费能源，受到惩罚是应该的。作为惩罚，他在能源国经历的各种事情就已经足够。所以，我认为应该解除对小敏下的电能禁令。”

幸好化学能大臣是站在小敏这一边的，但是还不知道结果会怎样。

“我认为应该听一听小敏的意见。”

重力势能大臣这么一说，会场内所有人的目光都转向了小敏。

# 结束能源国的旅程

“小敏，你觉得应该解除给你下的电能禁令吗？”

紧张的小敏露出了愁容。

“开始我对能源什么都不了解。在被禁止使用电能之后，我只是觉得很不方便，却从没有关心过电能从哪里来。”

哎呀，说那种话干吗呀！

“但是，来到能源国后，我学到了很多知识，知道了太阳给予地球的能量被植物吸收后储存于体内，动物或我们人类则会再次使用这些能量。还有，我知道了植物和动物死后，会变成煤炭和石油，而我们把它们用在取暖或发动汽车上，还会用来发电。我还知道了流水也有动能和重力势能，也能生产电能。”

小敏深呼吸了一下，继续说道：

“看似都是独立的水、空气、太阳、大海、植物和动物，实际上可以通过能源联系起来。因此，我知道了人们浪费能源的后果就是伤害我们居住的地球。但是，我知道得太晚了，真的很对不起。”

小敏很伤心地说道。

大家都能感觉到，这并不是因为小敏爱哭，而是他真心觉得很抱歉才会哭的。

“所以，我觉得自己受到惩罚是应该的。不然的话，会很对不起那些我曾经浪费掉的能源。”

小敏说完，会场内变得很安静，谁能想到小敏会说出这样的话呢？小敏反省自己的行为虽然很好，但以后不能使用电能该怎么办呢？

# 能源国的太阳女王

“女王驾到。”

能源国的女王来了。伟大的能源国的女王会是什么样呢？跟我一样，充满好奇的小敏小声问了一下旁边的化学能大臣：

“化学能大臣，她是怎样的一位女王啊？”

“能源国的女王是太阳女王。”

“什么？”

就是说那火辣辣的太阳要来这儿吗？我们不会都被烧焦了吧。

“所有的能源都是来自太阳的。没有太阳，植物、动物和人类都不能生存。水不能蒸发，自然而然就不会下雨，没有雨水，也就没有河流。现在之所以不会那样，是因为太阳女王献给地球温暖的阳光。所以，太阳理所当然是能源国的女王。”

我们在听化学能大臣说话的时候，太阳女王进来了。

所有的能源大臣都从座位上站起来并低下了头。

终于要见到能源女王了。虽然很好奇她是位什么样的女王，但我们都不敢抬起头。

“怎么样？旅程愉快吗？”

果然是女王，声音都这么有威严。但，怎么觉得这声音有点儿耳熟哇……微微抬头看到女王的那一瞬间，我被吓得叫了出来。

“精灵女士！为什么你会坐在那里？”

女王的座位上坐着曾经跟我们一起旅行的精灵女士。天哪，我们完全被蒙在了鼓里。

“呵呵，不好意思呀。我一心只想带你们参观一下我们的能源国，所以装成了精灵女士。不管怎么说，旅程还是很愉快的吧？”

我和小敏愣愣地看着她。原来，我们一直以来都是跟女王一起旅行的呀，小敏第一次见精灵女士的时候，还很没礼貌来着，没关系吗？

“刚开始小敏不仅浪费能源，还没有礼貌。”

哎哟，看来我们还是得过没有电的生活呀。

“但是自我们一起旅行以来，小敏逐渐了解了能源的重要性，关于能源，他现在比任何人了解得都好，这一点让我很高兴。”

是呀，小敏来能源国以后确实变了很多。

“所以，我认为可以解除给小敏下的电能禁令，大臣们同意吗？”

女王接着又说：

“事实上，能源国原本没打算给小敏什么惩罚，只是期望他对能源能有稍微多一点儿的了解，节约使用能源，才会把他带到这里来的。但是，小敏所做的要比我期望的多得多，所以没有必要继续惩罚他了。”

我们抬头一看，原来女王和大臣们脸上都带着微笑，甚至连可怕的电能大臣也是。

“那我现在可以回家了吗？”

“嗯，当然了。”

听到这句话，小敏都忘了自己正站在女王面前的事儿，大声欢呼着“万岁”跳了起来。

“但是，你能承诺今后也节约使用能源吗？”

“当然了，女王。今后我绝对不会浪费能源的。”

小敏的声音里充满了真诚，小敏一定能遵守约定的。

“我相信你所说的话。虽然很舍不得和你们分开，但我们毕竟是生活在不同世界里的。现在，我们应该告别了。等能源国的危机完全解除了，我们再见面吧。”

# 让我们一起来节约能源吧

“我回来了！”

你们好，我是这家的小狗，我叫托托。刚刚回家的是我的小主人，叫小敏。

今天，小敏发现插座上插着吸尘器的插头，便对妈妈说：

“妈，不是跟您说过，在不用电器的时候一定要把插头拔出来吗？您知道光是插着插头就会浪费多少能源吗？”

“哎呀，你看我的记性，本来是要拔出来的，一时又忘了。对不起啦，小敏。”

妈妈这几天对小敏十分信服。因为小敏不再疯玩电脑游戏，而是去努力地学习了。他的理想是好好学习，制造出能节约大量能源的装置。他还在学校跟同学们一起组织了“能源节约协会”，积极地开展活动，而我是这个协会的吉祥物。在协会活动中，我们可以学到如何

在日常生活中节约能源，并每周一次到各个小区去开展节约能源的宣传活动。

小敏在能源国感受到的危机就是我们生活的地球的危机，我们再也不能坐视不理了。

小朋友们，在与我们一起旅行的过程中，你们感受到了什么呢？

图书在版编目（CIP）数据

赐给我力量吧，能源！ / （韩） 辛贤贞著 ； 千太阳译. -- 长春 : 吉林科学技术出版社, 2020.1
（科学全知道系列）
ISBN 978-7-5578-5041-8

Ⅰ. ①赐… Ⅱ. ①辛… ②千… Ⅲ. ①能源一青少年读物 Ⅳ. ①TK01-49

中国版本图书馆CIP数据核字（2018）第187578号



吉林省版权局著作合同登记号:
图字 07-2016-4719

**赐给我力量吧，能源！** CIGEI WO LILIANG BA, NENGYUAN!

著 [韩]辛贤贞
绘 [韩]尹艺智
译 千太阳
出 版 人 李 梁
责任编辑 潘竞翔 郭 廓
封面设计 长春美印图文设计有限公司
制 版 长春美印图文设计有限公司
幅面尺寸 167 mm×235 mm
字 数 70千字
印 张 8
印 数 1-6 000册
版 次 2020年1月第1版
印 次 2020年1月第1次印刷

出 版 吉林科学技术出版社
发 行 吉林科学技术出版社
地 址 长春市净月区福祉大路5788号出版大厦A座
邮 编 130118
发行部电话 / 传真 0431-81629529 81629530 81629531
81629532 81629533 81629534
储运部电话 0431-86059116
编辑部电话 0431-81629520
印 刷 长春新华印刷集团有限公司

书 号 ISBN 978-7-5578-5041-8
定 价 39.90元